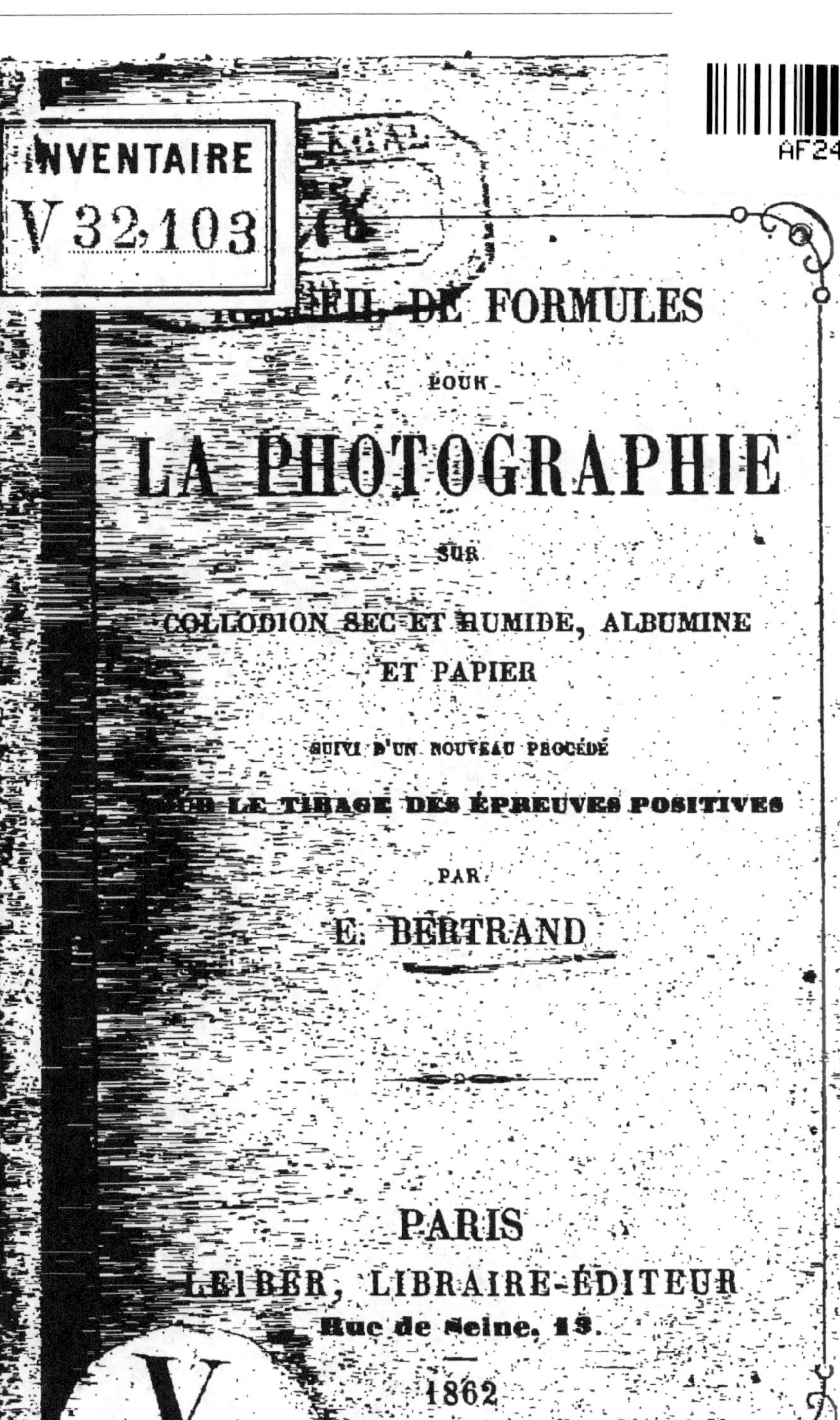

RECUEIL DE FORMULES

POUR

LA PHOTOGRAPHIE

SUR

COLLODION SEC ET HUMIDE, ALBUMINE ET PAPIER

SUIVI D'UN NOUVEAU PROCÉDÉ

POUR LE TIRAGE DES ÉPREUVES POSITIVES

PAR

E. BERTRAND

PARIS

LEIBER, LIBRAIRE-ÉDITEUR

Rue de Seine, 13.

1862

RECUEIL DE FORMULES

POUR

LA PHOTOGRAPHIE

Paris. — Typographie Hennuyer, rue du Boulevard, 7.

RECUEIL DE FORMULES

POUR

LA PHOTOGRAPHIE

SUR

COLLODION SEC ET HUMIDE, ALBUMINE ET PAPIER

SUIVI D'UN NOUVEAU PROCÉDÉ

POUR LE TIRAGE DES ÉPREUVES POSITIVES

PAR

E. BERTRAND.

PARIS

LEIBER, LIBRAIRE-ÉDITEUR,

Rue de Seine, 13.

1862

PRÉFACE

—

Le but de ce recueil est de réunir, sous le plus petit volume possible, les formules de photographie les plus employées ; j'ai donc rejeté toutes les explications qui n'étaient pas absolument nécessaires.

La plupart de ces formules sont prises dans les ouvrages de MM. DAVANNE, VAN MONCKHOVEN, BELLOC, LA BLANCHÈRE, GAUDIN, DE LATREILLE, DE VALICOURT, DE BRÉBISSON, ROBI-

QUET, etc., etc. Les formules les plus nouvelles m'ont été fournies par le *Moniteur de la photographie* ; enfin, plusieurs amateurs ont bien voulu me communiquer celles qu'ils employaient.

Du reste, toutes les formules dont j'ai pu trouver l'auteur sont suivies du nom de cet auteur.

OBSERVATION

—

Dans toutes les formules qui vont suivre, il faut supposer les liquides mesurés en centimètres cubes, et les solides en grammes.

Ainsi, la formule :

```
Ether. . . . . . . . . . . .    67
Alcool. . . . . . . . . . .     33
Coton-poudre. . . . . . .        1
Iodure de cadmium. . . .         1
```

Signifie :

```
Ether sulfurique rectifié à 62°.  67 cent. cubes.
Alcool rectifié à 40°. . . . . .  33    —     —
Coton-poudre . . . . . . . . . .   1 gramme.
Iodure de cadmium. . . . . . .     1    —
```

————————

RECUEIL DE FORMULES

POUR

LA PHOTOGRAPHIE

I. Formules de collodion pour épreuves négatives.

1 Ether. 67
Alcool. 33
Coton-poudre. 1
Iodure de cadmium. 0,35
   — ammonium. 0,35
   — potassium. 0,20
Bromure de cadmium. 0,10
   — ammonium. 0,10
   — potassium. 0,05

2 Ether. 67
Alcool. 33
Coton-poudre. 1
Iodure de cadmium. 1

3	Ether..	75
	Alcool.	25
	Coton-poudre..	1
	Iodure de zinc	1,20
4	Ether..	67
	Alcool.	33
	Coton-poudre..	1,50
	Iodure de cadmium.	0,50
	— ammonium.	0,50
	Bromure de cadmium.	0,15
	— ammonium.	0,15
5	Ether.	80
	Alcool.	40
	Coton-poudre..	1,50
	Iodure de potassium..	0,50
	— cadmium.	0,50
	— ammonium.	0,50
	Bromure de cadmium.	0,05
	— ammonium.	0,05
	Fluorure de potassium..	0,25
	Chlorure d'iode, 14 gouttes.	
	Ammoniaque, 1 goutte.	
6	Ether.	80
	Alcool.	40
	Coton-poudre..	1
	Iodure de cadmium.	1

7   Ether. 100
    Alcool. 50
    Coton-poudre. 1,50
    Iodure de cadmium. 0,50
     —   nickel. 0,20

8   Ether.. 210
    Alcool. 25
    Coton-poudre.. 3
    Iodure de cadmium. 2
    Bromure —   0,50
    Chlorure —   0,05

9   Ether.. 500
    Alcool. 200
    Coton-poudre.. 6
    Iodure de cadmium. 4
    Bromure —   2

10 Ether.. 800
    Alcool. 250
    Coton-poudre. 10
    Iodure quelconque.. 10

11 Ether.. 150
    Alcool. 90
    Coton-poudre. 2
    Iodure de potassium.. 0,35
    Chlorure —   1,20

12 Ether. 90
    Alcool. 30
    Coton-poudre. 1,50
    Iodure de cadmium.. 0,50
    —   ammonium. 0,50
    Bromure de cadmium. 0,25
    —   ammonium. 0,25

13 Ether.. 132
    Alcool. 36
    Coton-poudre.. 2
    Lin fulminant.. 0,50
    Iodure de cadmium. 1,25

   Ajouter de temps en temps une goutte de :

    Alcool. 100
    Bromure de cadmium. 16

(ROBIQULT.)

14 Ether.. 80
    Alcool. 20
    Coton-poudre. 1,50
    Iodure de zinc. 0,25
    —   potassium.. 0,25
    —   cadmium. 0,25
    —   ammonium. 0,25
    Bromure de cadmium. 0,02
    —   ammonium. 0,02

Fluorure de potassium.   0,02
Chlorure d'iode.   0,10

15   Ether.   100
     Alcool.   40
     Coton-poudre.   1
     Iodure de potassium.   0,50
       —   cadmium.   0,50
     Bromure de cadmium.   0,20

16   Ether..   75
     Alcool.   25
     Coton-poudre..   1
     Iodure de cadmium.   1,50
     Bromure —   0,10

17   Ether..   140
     Alcool absolu.   460
     Coton-poudre..   6
     Iodure de sodium.   4
     Bromure de cadmium.   0,30

18   Ether.   67
     Alcool.   33
     Coton-poudre..   1
     Iodure de cadmium.   1
     Bromure.   0,25

19   Ether.   67

Alcool. 33
Coton-poudre. 1
Iode pur. 0,60

Décolorer avec du cadmium ou du zinc.

(GIESLER LYSIDE).

20 Ether. 60
Alcool. 40
Coton-poudre. 0,60
Iodure de potassium. 1,40
Azotate d'argent. 0,04

21 Ether. 43
Alcool. 28
Coton-poudre. 0,65
Iodure de potassium. 0,65

22 Ether. 90
Alcool. 10
Coton-poudre. 0,50
Iodure de potassium. 0,15
—   ammonium. 0,15
—   cadmium. 0,15
Bromure de potassium. 0,02
—   ammonium. 0,02
—   cadmium. 0,02
Iode pur. 0,01

(*Collodion très-sensible*).

(DE LA BLANCHÈRE.)

23   Ether. 50
     Alcool. 50
     Coton-poudre. 1
     Iodure de potassium. 1
     Bromure de potassium à saturation.

(Collodion instantané).

24   Faire d'une part :

Ether. 170
Alcool. 30
Coton-poudre.. 2,50

   D'autre part :

Alcool. 50
Iodure de cadmium. 1
   —   ammonium. 1
   —   potassium.. 0,30
Bromure de cadmium. 0,25
   —   ammonium. 0,25
   —   potassium.. 0,15

   Puis mêler.

Collodion.. 80
Solution d'iodures. 20

(Formule de l'auteur).

25   Ether.. 75
     Alcool. 25
     Coton-poudre.. 1

Iodure de potassium. 0,30
— cadmium. 0,30
— ammonium. 0,30
Bromure de potassium. 0,05
— cadmium 0,05
— ammonium. 0,05

26 Ether.. 280
Alcool. 120
Coton-poudre. 4
Iodure de potassium. 1,40
— cadmium.. 1,40
— ammonium.. 1,40
Bromure de potassium. 0,40
— cadmium. 0,40
— ammonium. 0,40

27 Ether.. 100
Alcool. 30
Coton-poudre. 1,50
Iodure quelconque.. 1,50
Bromure correspondant. 0,60

28 Ether.. 90
Alcool. 60
Coton-poudre. 1

Faire d'autre part une dissolution
saturée d'iodure de potassium dans

l'alcool, puis la saturer d'iodure
d'argent nouvellement précipité.

Puis mêler collodion. 100
Dissolution d'iodure. 30

29   Ether 180
Alcool. 80
Coton-poudre. 2,5
Iodure de potassium 1,50
Sulfate de fer. 2,50
Sel ordinaire. 0,40
Ammoniaque, 3 gouttes.

(WOODS.)

Faire d'une part :

30   Ether 240
Alcool. 60
Coton-poudre. 3
D'autre part :
Dissoudre : Iodure d'ammonium. . 6
—   Teinture d'iodure de fer. 60
dans le moins possible d'alcool et
mêler les deux solutions.

(HUMBERT DE MOLARD.)

31   Ether 60
Alcool à 30°. 20
Coton-poudre. 1

2

Solution alcoolique saturée d'iodure
de potassium.   10

32 Ether..   150
Alcool.   30
Eau distillée 4 gouttes.
Coton-poudre.   2
Iodure d'ammonium..   1,70
Fluorure de potassium..   0,10

33 Ether..   70
Alcool à 36°..   30
Coton-poudre..   1
Iode pur.   0,80
Bromure de cadmium.   0,10

Décolorer avec du zinc.

34   Dissoudre 0,75 d'iodure de tétré-
tylammonium dans le moins possible
d'alcool à 36°; faire bouillir deux
heures avec de l'argent en limaille,
mettre dans :

Ether..   55
Alcool. , ...   35
Coton-poudre..   1

Filtrer.

(BABO)

35 Ether. 150
    Alcool. 90
    Coton-poudre. 2
    Iodure de potassium. 0,35
    Chlorure   —   1,20

36 Ether.. 250
    Alcool. 150
    Coton-poudre. 5
    Iodure de cadmium... 2
        —   ammonium. 2
    Bromure de cadmium. 0,5
        —   ammonium.. 0,5

(MONTIZON.)

37 Ether. 250
    Alcool. 250
    Coton-poudre. 5
    Iodure de cadmium. 4
    Bromure   —   0,5

38 Ether.. 100
    Alcool. 75
    Coton-poudre. 2,2
    Iodure de potassium.. 0,8
        —   ammonium.. 0,8
    Bromure de potassium.. 0,3
        —   ammonium. 0,3
        —   cadmium. 0,1

39 Ether.. 360
     Alcool. 240
     Chanvre-poudre.. 7
     Solution alcoolique d'iodure double
       de potassium et d'argent.. . . . 200

     (Le chanvre - poudre se prépare
comme le coton-poudre, en remplaçant le coton par du chanvre.)

Collodion pour la reproduction des tableaux.

40 Ether.. 65
     Alcool. 35
     Coton-poudre. 1,10
     Iodure de cadmium. 0,90
     Bromure —   0,40
     Chlorure —   0,05

(FIERLANTS.)

41 Ether.. 100
     Papier-poudre.. 20

     Aussi peu d'alcool que possible.

     Ajouter à 3 parties de la solution
précédente 1 partie de :

     Alcool. 60
     Iodure d'ammonium. 3
     Bromure —   0,80

Chlorure d'ammonium.. 0,06
Iodure d'argent.. 0,01
  Ou bien 1 partie de :
Alcool. 60
Iodure d'ammonium. 3,25
Bromure   —   0,80
Chlorure   —   0,12

              (MAXWELL—LYTE.)

42   Pour obtenir un collodion rapide, ajouter à 100 de collodion ordinaire 0,75 d'acétate de soude.

43   Ether 65
Alcool 35
Coton-poudre. 1
Iodure de cadmium. 0,6
   —   ammonium. 0,4
Bromure d'ammonium 0,2

              (MARTIN.)

II. Formules de collodion pour épreuves positives sur verre.

1   Ether 300
Alcool 200
Coton-poudre 3

Iodure d'ammonium 7
Nitrate d'argent. 0,7

2 Ether 67
Alcool. 33
Coton-poudre 0,5
Iodure de potassium 0,5

3 Ether 90
Alcool. 10
Coton-poudre. 1,5
Iodure de cadmium. 0,5
Bromure   —   0,2

4 Ether.. 300
Alcool. 60
Coton-poudre.. 7
Iodure d'ammonium.. 2

5 Ether.. 200
Alcool. 40
Coton-poudre.. 8
Iodure de cadmium. . . . . : 0,08
    —   ammonium. 0,15
Bromure de potassium.. 0,02
    —   cadmium. 0,01
    —   ammonium.. 0,04

6 Ajouter à 100 de collodion négatif
   0,02 de :

Alcool 100
Brome pur 12
Chaux hydratée 12
Acide chlorhydrique 2

7 Ether 270
Alcool 200
Coton-poudre 9
Iodure de potassium 6
   —   d'argent 2,5

III. Formules de collodion pour toile cirée.

1 Ether 100
Alcool 50
Coton-poudre 5
Iodure de cadmium 4

2 Ether 70
Alcool 30
Coton-poudre 1
Iodure de zinc 1
Camphre pur 0,5
(Formule de l'auteur.)

3 Ether 90
Alcool 10

Coton-poudre.   1
Iodure de potassium.   0,2
—   ammonium.   1
Fluorure de potassium.. . . . , . .   0,01
Eau distillée, 10 gouttes.

Ether.   80
Alcool..   25
Coton-poudre.   1
Iodure de cadmium.   0,5
—   d'ammonium.   0,5

5   Ether.. 150
Alcool. . . , , ... 40
Coton-poudre. 3
Iodure d'ammonium. . . : 1,5

IV. Formules de bains d'argent.

Pour collodion négatif.

1   Eau. 100
Nitrate d'argent.. 8

2   Eau. 100
Nitrate d'argent. 8
Collodion ioduré.. 1

3 Eau. 100
   Nitrate d'argent.. 8
   Iodure de cadmium. 0,10

4 Eau. 100
   Nitrate d'argent.. 7
   Nitrate de zinc. 1

5 Eau. 100
   Nitrate d'argent.. 7
   Nitrate de plomb. 0,70

(Bain très-rapide.)

(**LABORDE**.)

Bain d'argent pour épreuves positives sur verre.

6 Eau. 500
   Nitrate d'argent.. 40
   Acide azotique. 15

V. Formules de bains d'acide pyrogallique.

1 Eau. 250
   Acide pyrogallique. 1
   Acide acétique. 20

2 Eau 24
    Acide pyrogallique. 0,12
    Acide acétique. 3,55
    Alcool, 20 gouttes.

3 Eau 250
    Acide pyrogallique.. 1
    Acide citrique.. 1

(GAILLARD.)

4 Eau 372
    Acide pyrogallique.. 0,5
    Acide acétique. 4
    Acide nitrique, 2 gouttes.

(DE LAMOTTE.)

5 Eau 383
    Acide pyrogallique. 0,65
    Acide formique. 21

(MAXWELL-LYTE.)

6 Alcool. 15
    Acide acétique. 15
    Acide pyrogallique.. 2

    Pour 100 d'eau mettre 4 de la solution précédente.

7 Eau 500
    Acide pyrogallique. 1

Acide acétique. 20
Sulfate de fer. 10

VI. Formules de bains de fer.

1 Eau. 400
Eau saturée de sulfate de fer. . . . 50
Alcool. 25
Acide acétique. 15

(AGUADO.)

2 Eau. 250
Sulfate de fer.. 20
Acide acétique. 10
Acide sulfurique, 10 gouttes.

3 Eau.. 300
Sulfate de fer.. 15
Acide formique. 20
Acide sulfurique, 3 gouttes.

(MAXWELL-LYTE.)

4 Eau. 1000
Sulfate de fer. 250
Citrate de fer. 15
Acide sulfurique.. 10

(AUBRÉE.)

5   Eau.. 90
      Sulfate de fer.. 6
      Acide tartrique. 2
      Acide nitrique, 10 gouttes.

(HUDSON.)

6   Eau. 100
      Sulfate de fer.. 10
      Protonitrate de fer.. 10
      Acide acétique.. 10
      Nitrate d'argent. 1

7   Eau. 200
      Sulfate de fer.. 40
      Azotate de baryte. 40

(DIAMOND.)

8   Eau. 250
      Sulfate de fer. 15
      Azotate de plomb. 4

(SISSON.)

9   Eau. 100
      Sulfate de fer. 3
      Acide borique 1

(MACKINSLAY).

10   Eau. 100

Sulfate de fer. 10
Bisulfate de potasse. , ... 3

(MACKINSLAY.)

11 Eau. . . . . : . . 100
Sulfate de fer 5
Azotate de plomb 2
Acide acétique. 5

12 Eau. . . . . , . 400
Sulfate de fer.. 15
Acide acétique. 10

13 Faire séparément les deux solutions.
(1) Eau 250
Sulfate de fer. 50
(2) Eau. 100
Acétate de plomb. 3
Acide acétique. 0,20

Il se forme un précipité.

Filtrer et ajouter :

Eau. 400
Ether acétique. 3
Ether nitreux. 3

(MARTIN.)

VII. Formules de bains de fixage.

1   Solution saturée d'hyposulfite de soude dans l'eau.

2   Eau 100
Cyanure de potassium 2

3   Solution saturée de bromure de potassium dans l'eau.

4   Solution saturée de sel ordinaire dans l'eau.

Ces deux derniers bains ne dissolvent pas l'iodure d'argent non attaqué, ils détruisent seulement sa sensibilité.

VIII. Formules de vernis pour épreuves négatives.

1   Vernis au copal 1
Benzine 2

2   Alcool 100
Benjoin 10

3   Essence de lavande. 16
    Alcool. 100
    Gomme laque 8

4   Ether 150
    Chloroforme 150
    Ambre jaune. 40

5   Alcool. 100
    Essence de lavande. 10
    Gomme laque.. 6

     Ajouter la solution suivante :

    Chloroforme. 50
    Ambre jaune 10

6   Alcool. 100
    Gomme laque. 8
    Sandaraque. 1

7   Alcool. 250
    Sandaraque.. 125

8   Alcool. 100
    Gomme laque. 4
    Benjoin 2
    Gomme élémi.. 2
    Sandaraque. 2
    Camphre 0,5
    Térébenthine de Venise. 0,5

Faire bouillir jusqu'à dissolution :

9   Alcool. 500
Gomme laque 10
Benjoin 8
Gomme élémi 10
Mastic en larmes 8
Sandaraque. 10

Puis ajouter autant d'alcool qu'il s'en est vaporisé.

IX. Formules de vernis noirs pour épreuves positives sur verre.

1   Essence de térébenthine 100
Bitume de Judée. 20
Cire blanche. 4
Noir de bougie. 2

2   Benzine. 100
Bitume de Judée. 50
Cire jaune. 10

3   Vernis à l'huile de naphte.. . . . 125
Baume du Canada.. 10

4   Essence de térébenthine. 100

Bitume de Judée. 20
Cire blanche. 4

5   Essence de térébenthine.. 100
Bitume de Judée 20
Noir d'ivoire.. 2

6   Essence de térébenthine. 60
Cire blanche. 2
Bitume de Judée 25
Caoutchouc, quelques morceaux.

7   Sulfure de carbone. 500
Bitume de Judée 50

X. Formules pour procédé Taupenot.

1   Ether 100
Alcool. 25
Coton-poudre. 1
Iodure d'ammonium. 1
Bromure d'ammonium. 0,25

2   Bain d'argent à 8 pour 100.

Diverses formules d'albumine.

3   Albumine. 120

Eau 20
Iodure d'ammonium. 1,10
Bromure — 0,35
Ammoniaque. 10
Sucre. 3

4 Albumine 100
Miel. 10
Iodure de potassium dissous dans le
  moins d'eau possible. 1

5 Albumine 100
Eau. 25
Iodure quelconque 1,25

6 Albumine 70
Eau. 25
Iodure d'ammonium 1
Bromure — 0,25
Acétate de chaux. 0,50

7 Eau. 500
Dextrine. 8
Albumine 100
Iodure de potassium. 1

8 Bain d'acéto-nitrate.
Eau. 100
Nitrate d'argent. 8
Acide acétique 8

Bain de développement.

9	Eau.	.1000
	Acide gallique.	3
	Acide pyrogallique	1
	Alcool.	20
	Acide acétique.	5

Bain de fixage.

10   Eau   saturée   d'hyposulfite   de soude.

11	Eau	100
	Hyposulfite de soude..	15

XI. Divers procédés sur collodion sec.

La glace, étant collodionnée et sensibilisée, comme pour procédé humide, est lavée, puis recouverte d'une des solutions suivantes :

1	Eau.	100
	Miel.	100
2	Eau.	300

Miel. 100
Alcool. 25

3   Eau. 400
Noir animal 20
Miel. 1000
Alcool. 90
Craie. 45
Albumine 1,50
Acide citrique 0,50

Agiter et filtrer.

(LEGROS.)

4   Eau. 30
Sucre 10

5   Eau. 370
Sucre de raisin. 250
Alcool. 85
Nitrate d'argent 13
Iodure d'argent. 0,60

(MAXWELL-LYTE.)

6   Eau 300
Alcool. 50
Miel. 5
Gomme 50

(MAXWELL-LYTE.)

7   Eau. 30
    Métagélatine. 30
    Miel. 30

(MAXWELL-LYTE.)

8   Eau. 90
    Nitrate de zinc. 30
    Nitrate d'argent. 1

9   Eau. 400
    Nitrate de magnésie 110
    Nitrate d'argent 0,80
    Acide acétique. 1,50

[(SPILLER.)

10 Eau. 250
    Graine de lin. 15
    Acide acétique. 15

    Laisser macérer douze heures, fil-
trer.

(HUMBERT DE MOLARD.)

11 La glace, collodionnée comme d'ordinaire, est sensibilisée dans :
    Eau 500
    Nitrate d'argent. 25
    Acide acétique. 10
    Miel. 125
    Alcool. 20

La glace, sensibilisée, est lavée, puis on la laisse sécher.

(VICOMTE DE MONTAULT.)

Collodion sec au tannin.

(MAJOR RUSSELL.)

12   Recouvrir la glace de :

Eau. 240
Gélatine. 1
La laisser sécher.

Verser le collodion suivant :

13 Ether 1000
Alcool. 1000
Coton-poudre. 20
Iodure d'ammonium. 9
  —   cadmium 9
Bromure d'ammonium 4

Sensibiliser, laver avec soin, puis recouvrir de :

14 Eau. 100
Tannin. 4

Laisser sécher.

Si on veut se dispenser de verser la

couche de gélatine, il faut remplacer le bain de tannin précédent par :

15 Eau. 240
    Gomme 12
    Tannin.. 7
    Acide citrique. 1

Recouvrir la glace d'un des collodions suivants, sensibiliser, laver et laisser sécher.

16 Ether 65
    Alcool. 55
    Coton-poudre. 1,75
    Iodure de cadmium. 1,10
    —   ammonium 0,15
    Bromure de cadmium. 0,20
    Sandaraque 1
    Baume du Pérou. 1

17 Ether. 100
    Alcool. 50
    Coton-poudre. 0,7
    Résine copal. 0,5
    Essence de thym, 20 gouttes.
    Vernis de relieur, 40 gouttes.
    Iodure de potassium. 0,50
    —   ammonium 1
    Bromure   —   3

(MATHIEU BORIE.)

18 A 100 parties de collodion ajouter
5 parties de :

Alcool. 100
Baume de Tolu. 6
Baume du Pérou. 6

(MARTIN.)

19 Ether 200
Alcool. 50
Coton-poudre. 2
Lin fulminant 0,50
Vernis à l'ambre. 8
Solution alcoolique de gomme laque
à 50 pour 100. 2
Iodure de cadmium 2,50
Bromure   —   0,50

(ROBIQUET.)

Il est bon que le bain de nitrate
soit légèrement acide.

XII. Formules pour procédé sur albumine.

1 Albumine 100
Eau. 60
Iodure de potassium 1

Albumine 120
Eau. 20
Iodure de potassium. 1,10
Bromure   —   0,35
Dextrine. 5

3 Caséine 90
   Albumine 60
   Eau. 15
   Miel 3,20
   Amidon soluble. 1
   Iodure d'ammonium. 2,50
   Bromure d'ammonium. 0,60
   Teinture d'iode, 5 gouttes.

4 Albumine 100
   Eau. 5
   Sirop de gomme. 5
   Iodure de potassium 1
   Iode. 1,2
   Bromure de potassium 0,2

(SELLA.)

Bain d'argent.

5 Eau. 100
   Nitrate d'argent 10
   Acide acétique. 10

6   Eau 30
    Nitrate d'argent 8
    —   de zinc 4,50
    Acide acétique 5

Développement.

7   Solution saturée d'acide gallique dans l'eau.

8   Eau 500
    Acide gallique 2,50
    —   pyrogallique 0,50
    —   acétique 2,50

9   Eau 400
    Acide gallique 7
    Acétate de chaux 3

(BACOT.)

Fixage.

10   Solution saturée d'hyposulfite de soude.

11   Eau 100
    Hyposulfite de soude 15

XIII. Formules pour procédé sur papier ciré.

Bains d'iodure.

1 Petit-lait. 500
   Iodure de potassium   7,5
   Bromure   —   2
   Sucre de lait. 10

2 Petit-lait. 1000
   Iodure de potassium 40
   Cyanure de potassium   0,5
   Fluorure de potassium   0,5
   Sucre de lait. . . . . , 30

(LEGRAY.)

3 Eau. 1000
   Iodure de potassium 30
   Bromure   —   10
   Iode.   0,5

4 Eau. 1000
   Iodure de potassium 25
   Sucre de lait. 50
   Eau de riz. 200

5 Petit-lait. 500

Eau. 500
Iodure de potassium 25
—   ammonium. 5
Bromure de potassium 2
—   d'ammonium 1
Grenétine 8

(BAILLIEU D'AVRINCOURT.)

Bains d'argent.

6   Eau. 500
Nitrate d'argent 40
Acide acétique. 50

7   Eau. 250
Nitrate d'argent 16
—   de zinc. 8
Acide acétique. 8

(HUMBERT DE MOLARD.)

Développement.

8   Acide gallique à saturation.

Fixage.

9   Eau. 100
Hyposulfite de soude 15

XIV. Épreuves positives au chlorure d'argent.

Bains de chlorure.

1 Eau. 100
   Chlorure de sodium ou chlorhydrate
      d'ammoniaque. 10

2 Albumine 100
   Eau. 25
   Chlorhydrate d'ammoniaque, . . . 10

3 Albumine 120
   Eau. 15
   Sel ammoniac 6
   Chlorure d'or. 0,25

   Quelques gouttes d'ammoniaque.

4 Eau. 170
   Albumine 170
   Chlorure de baryum. 25

5 Eau. 200
   Sel ammoniac.. 6
   Tapioca de Groult. 8
   Acide tartrique 2

(DE BRÉBISSON.)

Bains d'argent.

6 Eau. 100
Nitrate d'argent. . . . . . . 15 ou 20

7 Eau. 75
Alcool. 25
Nitrate d'argent 15
(Ce bain ne se colore pas avec les papiers albuminés.)

Bains de fixage et de virage.

Au sortir du châssis, laver l'épreuve dans de l'eau où l'on a jeté une pincée de bicarbonate de soude, puis plonger dans le bain suivant :

8 (1) Eau 500
Chlorure d'or. 1
(2) Eau 500
Hyposulfite de soude 4
Sel ammoniac 16
Verser (1) dans (2).

Puis plonger vingt minutes dans :

9 Eau. 100
Hyposulfite de soude 15
Laver.

(BAYARD.)

Au sortir du châssis plonger dans
l'un des deux bains suivants, puis
laver.

10   (1) Eau 500
   Chlorure d'or   1
   (2) Eau 500
   Hyposulfite de soude 200
      Verser (1) dans (2).

11   Eau 100
   Hyposulfite de soude. 15
   Sel ammoniac   5

   Chlorure d'argent noirci à saturation.

   Ajouter un volume égal du même
bain sans chlorure d'argent.

   Au sortir du châssis, plonger dans
un des bains suivants, puis dans un
bain d'hyposulfite de soude à 20
pour 100.

12   Eau. 600
   Hyposulfite de soude 100
   Chlorure d'or.   1
   Acétate de plomb.   5
                        (LEGRAY.)

13   Eau. 1000

| | Chlorure d'or . . . . | 1 |
| | Acétate de soude. . . . . | 30 |

14	Eau.	2000
	Chlorure de chaux	1
	— de sodium.	1
	— d'or.	1

(LEGRAY.)

15	Eau.	2000
	Phosphate de soude.	5
	Chlorure d'or.	1

16	Eau	2000
	Chlorure de platine.	1
	Acide chlorhydrique.	30

(DE CARANZA.)

17	Eau.	1000
	Hyposulfite de soude.	50
	Sel d'or	0,50
	Chlorure d'or	0,50
	Acide gallique	0,50
	— acétique.	4

(DE LATREILLE.)

XV. Épreuves positives au charbon.

Étendre sur une feuille de papier avec une brosse douce ou un large pinceau la solution suivante :

1 Eau. 100
   Gélatine 6

Bichromate de potasse à saturation.

Exposer.

Étendre la feuille bien horizontalement, appliquer du noir animal ou du noir de fumée bien pulvérisé avec un large blaireau, puis avec un tampon de coton.

Laver environ un quart d'heure, sécher au feu.

Autre procédé.

Étendre comme précédemment la solution suivante :

2 Eau. 100
   Sucre 100
   Bichromate d'ammoniaque. . . 20 à 25
   Albumine 30

Exposer.

Etendre du noir comme précédemment.

Laver environ un quart d'heure,
Sécher au feu.
Plonger dans :

3 · Eau 100
  Acide sulfureux dissous dans l'eau.   5
  Sécher au feu.

Autre procédé.

Etendre comme précédemment la solution suivante :

4 Solution saturée de bichromate de
   potasse 40
  Solution de gomme arabique à 10
   pour 100. 40
  Noir d'ivoire délayé dans l'eau. . . 10
  Exposer.
  Laver une heure environ.
  Sécher au feu.

XVI. Formules diverses.

1   Epreuves positives à l'encre.
   Plonger du papier dans une solution saturée de bichromate de po-

tasse ou de bichromate d'ammoniaque dans l'eau.

Laisser sécher à l'obscurité, exposer moitié moins que pour le procédé au chlorure d'argent.

Laver trente minutes.

Plonger pendant cinq minutes
dans :

Eau 100
Sulfate de fer. 5

Laver trente minutes.

Plonger dans une solution saturée
d'acide gallique dans l'eau, laver.

Si l'on remplace l'acide gallique
par une solution à 4 pour 100 de
ferrocyanure de potassium, on a une
épreuve en bleu de Prusse.

2 Préparation du coton-poudre.

Plonger pendant dix minutes 20 à
30 grammes de coton cardé dans :
Acide sulfurique. 600
Salpêtre. 400
Laver.
Ou dans :

Acide sulfurique 300
Azotate de soude. 300

3   Préparation du papier poudre.

Plonger dans :

Acide sulfurique 100
Acide azotique. 100

Autant que possible de papier Joseph.

Laisser douze heures, retirer et laver.

(MAXWELL-LYTE.)

Diverses substances pour nettoyer les glaces.

4   Bouillie épaisse de tripoli et d'alcool.

5   Os calcinés et tripoli à volumes égaux, humecter avec de l'alcool et un peu d'ammoniaque.

6   Eau 50
Acide nitrique. 50

Rouge anglais de manière à former une pâte un peu liquide.

7   Vernis pour épreuves positives sur papier :

Essence de térébenthine. 100
Gomme Dammar 2

(LACOMBE.)

Formules d'encaustique pour lustrer les épreuves positives sur papier.

8   Benzine. 100
    Cire vierge 50

7   Essence de lavande. 100
    Cire vierge 100

10   Essence de lavande. 200
    Cire vierge. 125
    Térébenthine de Venise. 6

11   Pour faire des épreuves photographiques la nuit ou dans des endroits obscurs, éclairer en faisant brûler le mélange suivant :

    Salpêtre. 6
    Soufre. 2
    Sulfure d'antimoine. 1

12   Pour conserver les solutions d'acide gallique, ajouter du camphre jusqu'à saturation.

(LABORDE.)

13   Vernis pour raccommoder les clichés cassés.

Chloroforme 60
Mastic en larmes. 15
Caoutchouc. 0,8

(HENDER.)

14   Couleur pour retoucher les clichés
sur papier ciré.

Noir d'ivoire. 10
Miel. 2
Gomme arabique. 2
Sucre candi 1

NOUVEAU PROCÉDÉ

POUR

LE TIRAGE DES ÉPREUVES POSITIVES.

Ce procédé ne diffère pas comme principe du procédé ordinaire au chlorure d'argent ; il consiste comme lui à imprégner le papier d'un chlorure soluble que l'on transforme en chlorure d'argent, à exposer la feuille ainsi préparée derrière un négatif, à fixer et à virer. Je n'entrerai donc pas dans de longs détails, puisque les manipulations sont presque toutes les mêmes que pour le procédé ordinaire.

Le meilleur papier est le papier de Saxe, l'égalité de sa pâte n'est pas absolument nécessaire ; mais il faut rejeter celui qui a des taches de fer.

La première préparation du papier consiste

à l'imprégner d'un chlorure soluble ; pour cela on le plonge dans le bain suivant :

Alcool à 36°.	100
Benjoin.	10
Chlorure de cadmium . .	5

On peut faire flotter le papier sur le bain ou l'immerger complétement

Le moyen le plus expéditif consiste à prendre une douzaine de feuilles qu'on plonge une à une dans le bain, en s'aidant d'un triangle en verre ; quand on en a plongé une certaine quantité, on les retourne toutes d'un coup, on les retire une à une, on les suspend pour les faire sécher, et on met au coin inférieur un morceau de papier buvard pour empêcher le liquide de s'accumuler en cet endroit.

Les feuilles sèchent très-rapidement, quelques minutes suffisent ; on peut, si on est pressé, les sécher à la chaleur.

L'amélioration qu'apporte le benjoin est de boucher complétement tous les pores du papier ; l'air et l'humidité ne peuvent plus pénétrer dans l'intérieur de l'épreuve, qui se trouve ainsi préservée de la plus grande, si ce n'est de la seule cause de détérioration. Le benjoin donne en outre au papier le luisant de l'albumine, mais à un moindre degré.

Le papier chloruré peut se conserver très-longtemps; pour le sensibiliser, on le met en contact avec le bain suivant :

$$\text{Eau} \ldots \ldots \ldots \ldots 100$$
$$\text{Nitrate d'argent} \ldots \ldots 15$$

absolument comme le papier albuminé.

Si l'on veut conserver longtemps le papier sensibilisé, il faut le mettre dans l'étui Marion, où il se conserve parfaitement.

L'exposition derrière le négatif est plus courte que pour le papier albuminé; on doit laisser l'épreuve venir plus foncée qu'elle ne doit être définitivement. Si l'exposition se prolonge longtemps, on voit les noirs devenir vert foncé, mais il ne faut pas s'en inquiéter, le bain de virage les fera redevenir noirs.

On peut employer pour virer l'épreuve, soit le bain Bayard,

$$\text{Eau} \ldots \ldots \ldots \ldots 1000$$
$$\text{Chlorure d'or} \ldots \ldots 1$$
$$\text{Sel ammoniac} \ldots \ldots 20$$
$$\text{Hyposulfite de soude} \ldots 4$$

soit le bain d'acétate,

$$\text{Eau} \ldots \ldots \ldots \ldots 1000$$

Chlorure d'or   1
Acétate de soude. . . .   30

soit tout autre bain.

L'épreuve prend très-rapidement un ton noir, que l'on obtient difficilement avec l'albumine.

On fixe définitivement dans :

Eau 100
Hyposulfite de soude. . .   20

Quand l'épreuve est bien lavée, on la laisse sécher, puis on la frotte avec un morceau de flanelle ou un tampon de coton pour lui donner du luisant. Il est évident qu'il est inutile de la vernir.

TABLE DES MATIÈRES.

EXTRAIT

DU CATALOGUE DE LA LIBRAIRIE LEIBER

13, RUE DE SEINE, A PARIS.

Photographie.

TRAITÉ POPULAIRE DE PHOTOGRAPHIE sur collodion, contenant le procédé négatif et positif, le collodion sec, le stéréoscope, les épreuves positives sur papier, etc. ; par M. D. van Monckhoven. Un joli volume grand in-18, avec 115 figures sur bois, intercalées dans le texte. 1862. 3 fr.

RÉPERTOIRE GÉNÉRAL DE PHOTOGRAPHIE pratique et théorique, contenant les procédés sur plaque, sur papier, sur collodion sec et humide, sur albumine, etc., par le même. 1859. 1 fort vol. in-8 et atlas de 10 planches. 10 fr.

TRAITÉ DE L'IMPRESSION PHOTOGRAPHIQUE SANS SELS D'ARGENT, contenant l'histoire, la théorie et la pratique des méthodes et procédés de l'impression au charbon, de la Photolithographie, de l'Hélioplastie, de la Gravure photo-

chimique, etc., par M. Alph. Poitevin. 1 vol.
in-8. 1862, avec gravures.   4 fr. 50
PHOTOGRAPHIE RATIONNELLE. Traité complet
théorique et pratique. Applications diverses.
Précédé de l'histoire de la Photographie et
suivi d'éléments de chimie appliquée à cet
art, par M. A. Belloc. 1862. 1 vol. in-8. 7 fr.
MONOGRAPHIE DU STÉRÉOSCOPE et des épreuves
stéréoscopiques, par M. H. de La Blanchère.
1 vol. in-8, avec figures dans le texte. 1862.
                                          5 fr.
L'ART DE LA PHOTOGRAPHIE, par M. Disdéri,
avec une introduction par M. Lafon de Ca-
marsac. 1862. 1 vol. gr. in-8, figures.   10 fr.
RECHERCHES PHOTOGRAPHIQUES. Photographie
sur verre. Héliochromie. Gravure héliographique, par M. Niepce de Saint-Victor. Notes et
procédés divers, suivis de considérations par
M Chevreul, membre de l'Institut, avec des
notes par M. E. Lacan. 1855. 1 vol. in-8. 5 fr.
Traité pratique de GRAVURE HÉLIOGRAPHIQUE
sur acier et sur verre, par le même, avec un
portrait de l'auteur gravé d'après ses procédés.
1856. In-8.   5 fr.
L'ART DU PHOTOGRAPHE, comprenant les procédés complets sur papier et sur glace, négatifs
et positifs, par M. de La Blanchère; 2e édit.
1860. 1 vol. in 8, figures.   5 fr.
Essai de théorie sur la formation des images

3

PHÒTOGRAPHIQUES, rapportée à une cause électrique. Les figures roriques, les figures magnétiques, la thermographie, etc., par **M. Testelin**. 1860. In-8.   3 fr. 50

Nouveaux procédés pour l'amplification des photographies et pour les portraits de grande dimension, par le même. 1861. In-8.   2 fr.

LA MÉTHODE DES PORTRAITS DE GRANDEUR NATURELLE et des agrandissements photographiques, par **M. A. Chevalier**. 1862. Br. in-8, figures.   1 fr. 50

LE PROCÉDÉ AU TANNIN. Avec des notes inédites, par le major Russell. Trad. de l'angl. par **M. Girard**. 1862. Br. in-18.   1 fr. 25

DE LA DISTANCE FOCALE DES SYSTÈMES OPTIQUES CONVERGENTS. Applications aux problèmes de la photographie, par **M. Secretan**, ingénieur opticien. 1855. In-8, avec planches.   3 fr.

MANUEL DE PHOTOGRAPHIE PRATIQUE. Guide complet pour l'exercice de cet art, accompagné des rapports spéciaux sur les dernières expériences et améliorations, et d'un traité détaillé de la stéréoscopie, par **M. L.-G. Kleffel**. 1 vol. in-8, figures. 1861.   5 fr.

CHIMIE PHOTOGRAPHIQUE, par MM. Barreswill et Davanne ; 3e édit. 1861. 1 vol. in-8. 7 fr. 50

LE STÉRÉOMONOSCOPE, nouvel instrument dont le principe est fondé sur la découverte de la propriété inhérente au verre dépoli de pré-

senter en relief l'image de la chambre obscure,
par M. Claudet. 1858. Br. in-8.   1 fr.
Traité pratique de PHOTOGRAPHIE SUR VERRE,
par M. Jules Couppier, chimiste. 1852. Br.
in-8.   3 fr.

LE MONITEUR DE LA PHOTOGRAPHIE. Revue in-
ternationale et universelle des progrès de la
Photographie, rédigée par MM. E. Lacan et
P. Liesegang.
Le *Moniteur de la Photographie* paraît le 1er et
le 15 de chaque mois, par livraison de 8 pages
in-4 à deux colonnes, avec une couverture
double, contenant des annonces et des rensei-
gnements relatifs à la Photographie. Prix de
la souscription pour un an : Paris, 16 francs;
— Départements, 18 francs;— Etranger, 20 fr.
Le premier numéro a paru le 15 mars 1861.

Paris. — Typographie Hennuyer, rue du Boulevard, 7.